BEI GRIN MACHT SICH IHR WISSEN BEZAHLT

- Wir veröffentlichen Ihre Hausarbeit,
  Bachelor- und Masterarbeit

- Ihr eigenes eBook und Buch -
  weltweit in allen wichtigen Shops

- Verdienen Sie an jedem Verkauf

Jetzt bei www.GRIN.com hochladen
und kostenlos publizieren

Ulrike Weiß

Shanghai im Wandel. Städtebauliche Probleme und Perspektiven

GRIN Verlag

Bibliografische Information der Deutschen Nationalbibliothek:

Die Deutsche Bibliothek verzeichnet diese Publikation in der Deutschen National-
bibliografie; detaillierte bibliografische Daten sind im Internet über http://dnb.d-
nb.de/ abrufbar.

Impressum:

Copyright © 2006 GRIN Verlag GmbH
Druck und Bindung: Books on Demand GmbH, Norderstedt Germany
ISBN: 978-3-638-84403-1

Dieses Buch bei GRIN:

http://www.grin.com/de/e-book/60383/shanghai-im-wandel-staedtebauliche-pro-
bleme-und-perspektiven

GRIN - Your knowledge has value

Der GRIN Verlag publiziert seit 1998 wissenschaftliche Arbeiten von Studenten, Hochschullehrern und anderen Akademikern als eBook und gedrucktes Buch. Die Verlagswebsite www.grin.com ist die ideale Plattform zur Veröffentlichung von Hausarbeiten, Abschlussarbeiten, wissenschaftlichen Aufsätzen, Dissertationen und Fachbüchern.

Besuchen Sie uns im Internet:

http://www.grin.com/

http://www.facebook.com/grincom

http://www.twitter.com/grin_com

Universität Duisburg-Essen

Standort Essen

Institut für Geographie

Seminar: Wirtschaftsraum China

Sommersemester 2005/2006

Ulrike Weiß

Shanghai im Wandel - städtebauliche Probleme und Perspektiven

Inhaltsverzeichnis

Inhaltsverzeichnis 2

1 Einleitung 3

2 Shanghai – ein kurzes Portrait 4

3 Die historische Entwicklung der Stadt und Stadtstruktur als Voraussetzung für heutige
Probleme und Perspektiven 5

    3.1 Entwicklung bis 1842 5

    3.2 Entwicklung bis Ende des 19. Jahrhunderts 5

    3.3 Entwicklung bis Ende des 20. Jahrhunderts 7

    3.4 Shanghai nach der Gründung der VR China 8

    3.5 Shanghai ab der Transformationsphase 8

4 Exkurs Neue Wirtschaftszone Pudong als Beispiel für die heutige Entwicklung Shanghais . 9

5 Weitere städtebauliche Entwicklungen Probleme und Perspektiven 10

    5.1 Wohnungsbau 11

    5.2 Infrastruktur 12

    5.3 Umwelt 13

6 Nachhaltiger Städtebau – ein Beispiel 14

7 Fazit 15

8 Literatur 16

1 Einleitung

Shanghai gilt vor allem aufgrund dessen als „die Geburtsstätte des modernen Chinas" (Staiger 2002, S. 13), weil die Stadt heute, wie auch in der Vergangenheit, unter westlichem Einfluss stand. Die günstige geographische Lage Shanghais spielte und spielt weiterhin eine große Rolle für die Entwicklung der Stadt. Die Stadt wird moderner, größer und immer bedeutender für China und seinen Welthandel.

Der Städtebau in Shanghai vollzieht sich rasend schnell, die Stadt wächst zunehmend. Hochhäuser sprießen wie Pilze aus dem Boden, die Stadtgrenzen werden ständig erweitert (vgl. Schubert 2002, S. 222). Die städtebauliche Entwicklung Shanghais heute hängt zudem maßgeblich von ihrer historischen Vergangenheit ab. Die heutige Bau- und Modernisierungswelle der Stadt hat mit strukturellen „geerbten" Problemen der Stadt, welche sich beispielsweise aus den Bereichen Wohnungsbau, Infrastrukturausstattung und Umwelt ergeben, zu kämpfen.

In dieser Hausarbeit soll erörtert werden, welche historischen Gegebenheiten Einfluss auf die heutige Entwicklung Shanghais haben, welche Probleme sich aus diesen entwickelten und wie versucht wird diese zu beheben. Weiterhin können aus der momentanen Situation der Stadt die Perspektiven für die Zukunft Shanghais abgeleitet werden.

„Shanghai wurde von der Regierung Chinas als die Stadt auserwählt, die im Sektor Wirtschaft, Handel und Finanzwesen nicht nur das größte Zentrum Asiens nach der Überrundung von Hongkong werden sollte, sondern auch die Spitzenposition der Welt bis 2010 anstrebt" (Fritjof Voss 2002, S. 87). Die Stadt hat sich ein hohes Ziel gesetzt, welches mit rasender Geschwindigkeit erreicht werden soll.

2 Shanghai – ein kurzes Portrait

Shanghai liegt auf der Höhe des 31. Breitengrades N im Yangzidelta Chinas. Der letzte Nebenfluss des Yangzi trägt den Namen Huangpu und fließt mitten durch die Stadt. Dadurch

und vor allem durch die Verbindung zum Yangzi, ist Shanghai an ein ausgedehntes Binnenwassernetz angeschlossen (vgl. Staiger 2002, S. 13). Binnenhandel sowie Außenhandel haben, begründet durch die Lage sowie durch den Shanhaier Hafen, eine große Bedeutung für Shanghai (vgl. Schubert 2001, S.214).

Mit einer Größe von 6340 km^2 und einer Einwohnerzahl von ca. 18 Mio. ist diese Regierungsunmittelbare Stadt eine der Größten Chinas (vgl. www.wikipedia .org/wiki/shanghai). Das städtische Gebiet umfasst 18 Stadtbezirke und einen ländlichen Kreis.

Das administrative Stadtgebiet Shangahais
Quelle: www.wikipedia.org/wiki/
Bild:Shanghai_administrative.png

Die Bausubstanz der Stadt Shanghai ist geprägt durch die historische Entwicklung der Stadt. Baustile der verschiedenen Konzessionen sind deutlich erkennbar. Aber auch das typische, chinesische Wohnen in so genannten *lilong*- Häusern kann man dort heute noch finden.

Shanghai ist geprägt durch die Funktion als modernes Wirtschaftszentrum. Die heutigen vier Sonderwirtschaftszonen zeugen, wie auch die vielen Bürohäuser und Leuchtschriften vieler Firmen, von der Bedeutung Shanghais für die Wirtschaft mit ihren internationalen Verbindungen.

Die Stadt wächst jährlich in die Höhe und Breite. Jedoch führte jahrzehntelange Vernachlässigung von Infrastruktur und Wohnungsbau zu enormen Problemen, welche in der heutigen Zeit langfristig für die Zukunft gelöst werden müssen.

3 Die historische Entwicklung der Stadt und Stadtstruktur als Voraussetzung für heutige Probleme und Perspektiven

Um die heutige Situation der Stadt Shanghai umfassend beurteilen zu können, ist es zwingend notwendig die historische Entwicklung der Stadt zu beleuchten. Heutige Probleme der Stadt und Stadtstruktur sind zum Teil aus diesen historischen Gegebenheiten entstanden und können nur so verstanden werden.

3.1 Entwicklung bis 1842

Shanghai wurde bereits vorchristlich als ein kleines Fischerdorf mit dem Namen „Hudu" erwähnt (vgl. Staiger 2002, S. 23). Durch die bereits erläuterte, vorteilhafte Lage des Dorfes in der Nähe des Yangzi wuchs das Dorf und erhielt im 13. Jahrhundert dann den Namen Shanghai, was so viel heißt wie „über dem Meer" (vgl. Schubert 2001, S. 214). Zu dieser Zeit wurden dieser Ansiedlung auch die ersten Stadtrechte zugesprochen. 1554 baute man zum Schutz der Stadt die erste Stadtmauer (vgl. ebd., S. 214), welche noch heute im Straßenbild Shanghais zu erkennen ist.

Shanghai war schon zu dieser Zeit ein wichtiger Umschlagplatz für Waren, die über das Wassernetz vor allem zwischen Nord- und Südchina verschifft wurden (vgl. Staiger 2002, S. 23). Dennoch befand sich Shanghai im Schatten von größeren Städten, wie beispielsweise Suzhou und Nanjing (vgl. ebd., S. 23)

3.2 Entwicklung bis Ende des 19. Jahrhunderts

Nach 1842 wurde Shanghai im Zuge des ersten der „ungleichen Verträge", des so genannten Vertrages von Nangking, geöffnet (vgl. Schubert 2001, S. 215). Somit erhielten ausländische Investoren das Recht Grundstücke zu erwerben und sich in Shanghai an zu siedeln. Die betreffenden Gebiete unterlagen somit nicht mehr der Kontrolle des Chinesischen Staates. Briten, Engländer, Amerikaner und Franzosen siedelten sich nach und nach in Shanghai an. „Stadtverwaltung und Stadtentwicklung folgten vorwiegend dem Willen der Kolonialmächte (`Foreign Devils`, `Babarians´) und waren administrativ und rechtlich der chinesischen Souveränität entzogen" (Schubert 2001, S. 215), was sich folglich auf die Entwicklung der Stadt auswirkte.

Shanghai bestand demnach zu dieser Zeit aus drei unterschiedlichen Stadtteilen. Die alte, bereits erwähnte Chinesenstadt war durch ein Gewirr aus engen Gassen geprägt, die französische Konzession zeichnete sich durch „planmäßig angelegte Straßen mit Villenbebauung"

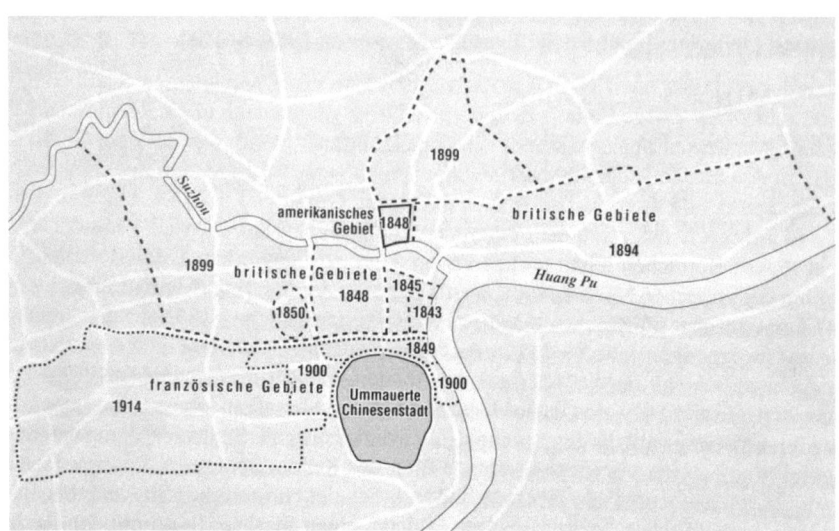

Ausländische Konzessionsgebiete

Quelle: Schubert, D., S. 216

(ebd. S. 215) aus, und die restlichen Gebiete, welche zur so genannten „Internationalen Niederlassung" zusammengefasst wurden, waren durch Geschäftsviertel mit vielen Handels- und Bankhäusern geprägt.

Shanghai entwickelte sich in den folgenden Jahren zunächst zu einem der wichtigsten Außenhandelshäfen Chinas. Gegen Ende des 19. Jahrhunderts wandelte sich Shanghai von einer reinen Hafen- und Handelsstadt zu einem gewerblichen und industriellen Zentrum (vgl. ebd. S. 216). Im Zuge dessen siedelten sich immer mehr Industriebetriebe an, welche die Menschen darauf hin mit Arbeit anlockten. Durch diesen Urbanisierungsprozess entwickelten sich für die Stadt erhebliche Probleme. Die immer größer werdende Bevölkerungszahl ging mit akuter Wohnungsnot einher, worauf hin der Massenwohnungsbau in Form der typisch chinesischen *lilong-* Häuser begonnen wurde (vgl. ebd. S.216). Weiterhin wurde die bereits vorhandene Infrastruktur zum Teil erneuert. Es wurden Telegraphenkabel verlegt, ein Wasser- sowie Elektrizitätswerk wurde gebaut, es gab erstmals eine Brandschutzordnung für die Wohnhäuser und die erste Straßenbahn wurde entwickelt (vgl. ebd. S. 217).

Lilong –Häuser
Quelle: Kuan, S., S.45,

3.3 Entwicklung bis Ende des 20. Jahrhunderts

Während des 20. Jahrhunderts schritt die Entwicklung der Industrie weiter voran. Zudem wurde Shanghai „in den zwanziger Jahren zu einem der wichtigsten Bankplätze Ostasiens" (ebd. S. 218). Architektur und Stadtbild wurden durch ausländischen Einfluss geprägt. 1911 riss man die alte Ummauerung der Chinesenstadt ein und wandelte sie so in eine, noch heute vorhandene, Ringstraße um (vgl. Staiger 2002, S. 29).

In den zwanziger Jahren wurde Shanghai zu einer Verwaltungseinheit zusammengefasst. So erhoffte man sich, die Stadtplanung voran zu treiben und die bestehenden Wirren auf zu heben. Viele Planungsideen, wie die Schaffung eines einheitlichen Ver- und Entsorgungsbetriebes oder der Bau des neuen Stadtzentrums in Jiangwan wurden kaum realisiert (vgl. Schubert 2001, S.220). Die Stadtentwicklung kam nur schleppend voran.

3.4 Shanghai nach der Gründung der VR China

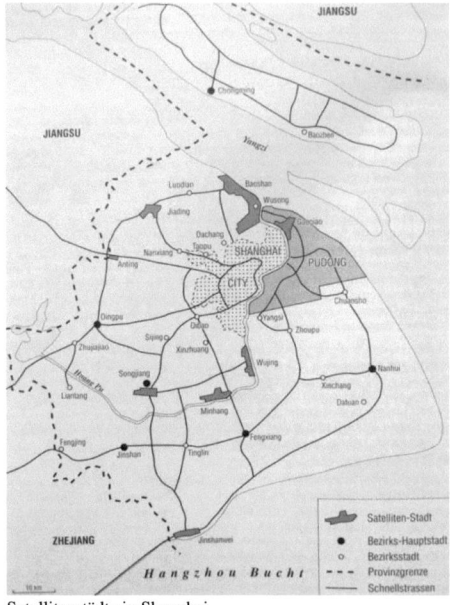

Satellitenstädte in Shanghai
Quelle: Schubert, D. S. 238

Nach dem Krieg konzentrierte sich die Stadtplanung vor allem auf die sporadische Beseitigung der gröbsten, durch diesen entstandenen Missstände (vgl. ebd. S.221). In den folgenden Jahren wurden zwei verschiedene Richtungen der Entwicklung Shanghais eingeschlagen. Die Gebiete der ausländischen Konzessionen wurden in das Stadtbild integriert und zum zweiten wurden so genannte „Satellitenstädte" in der Peripherie Shanghais aufgebaut (vgl. ebd. S. 222). Shanghai wurde nun immer mehr zu einem Industriestandort und verlor gleichzeitig seine Vorherrschaft als Finanzstandort (vgl. ebd. S. 222). Das städtische Verwaltungsgebiet wurde ständig erweitert, vor allem weil der erste Fünfjahresplan das Wachstum der Schwerindustrie besonders förderte. Der Wohnungsbau hingegen wurde als „nicht- produktiver Sektor" angesehen und zunächst vernachlässigt (vgl. ebd. S. 222).

3.5 Shanghai ab der Transformationsphase

Ab der Transformationsphase wurde das frühere Konzept der gleichwertigen Regionalentwicklung aufgegeben, worauf die Küstenprovinzen nun ihre Standortvorteile zur Wirtschaftsentwicklung wieder nutzen durften. Jedoch „dauerte es über ein Jahrzehnt, bevor Shanghai in seine frühere Rolle als größte Wirtschaftsmetropole des Landes zurück fand. Aufgrund ihrer Unterstützung der radikalen maoistischen Politik war die Stadt lange Zeit kompromittiert und kam zunächst nicht in den Genuss der im Rahmen von Deng Xiaopings Reform- und Öffnungspolitik […]" (Staiger 2002, S. 41).

Im Jahr 1986 gab es dann nun endlich einen „Plan für den umfassenden Aufbau der Stadt Shanghai" (Schubert 2001, S. 223). Nun durfte die Stadt auch ausländische Kredite in

Anspruch nehmen und sie sinnvoll für die Sanierung der Stadt einsetzen. Zur Realisierung größerer Projekte wurden zudem verschiedene Fonds eingerichtet (vgl. ebd. S. 223). Shanghai befindet sich nun im Aufbruch und will an seine frühere Position als Entwicklungsmotor Chinas anknüpfen.

4 Exkurs Neue Wirtschaftszone Pudong als Beispiel für die heutige Entwicklung Shanghais

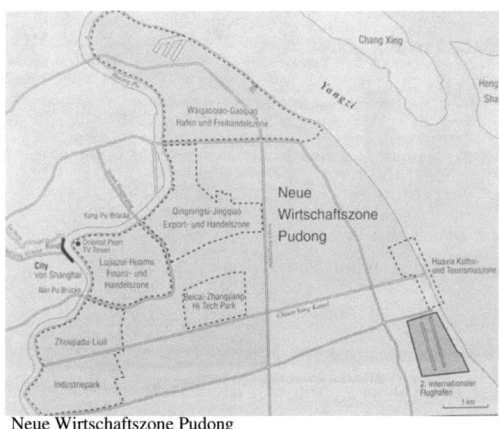

Neue Wirtschaftszone Pudong
Quelle: Schubert, D., S. 241

Um die wirtschaftliche Entwicklung Shanghais voran zu treiben, wurde Ende der 80er Jahre die Entwicklung einer Sonderwirtschaftszone in Shanghai beschlossen. Die so genannte „neue Wirtschaftszone Pudong" sollte „der Motor für die Entwicklung des Wirtschaftsraums Shanghai" (Schüller, Diep 2002, S.112) sein, somit Shanghai im Sinne der Öffnungspolitik vorantreiben und kann deswegen als ein Beispiel der Stadtentwicklung und Stadtmodernisierung gesehen werden. Um dieses Vorhaben realisieren zu können wurden „hohe staatliche Investitionen bereitgestellt und umfangreiche Autonomierechte zugestanden"(Schüller, Diep 2001, S. 1104). Pudong sollte also ein ganz neuer Stadtteil Shanghais werden. Dadurch sollte die Infrastruktur Shanghais sowie der tertiäre Sektor gestärkt, der alte Industriestandort Shanghai sollte modernisiert und umgewandelt werden. (vgl. ebd. S. 1108).

Pudong liegt zwischen der Innenstadt und dem Ostchinesischen Meer und umfasst ein Gebiet von etwa 522,75 km^2 (vgl. ebd. S.1113). Das Gebiet wurde in vier Schlüsselzonen unterteilt, die unterschiedliche Schwerpunkte beinhalten. Die Zone Lujiazui sollte vor allem Finanzen und Handel repräsentieren, in Jinqiao werden die produzierten Produkte für den Export weiter verarbeitet, Waigaojiao ist eine Freihandelszone und in Zhangjiang gibt es einen Hightech Park.

9

Neue Wirtschaftszone Pudong

Quelle: http://phsne.org/rim-pac/13_16-42_shanghai_skyline.jpg

Die Entwicklung Pudongs umfasste einen Plan mit drei Phasen. In den ersten fünf Jahren sollte die Grundlegende Infrastruktur des Gebietes aufgebaut werden. In dieser Zeit entstanden zwei U-Bahn Linien, der Transrapid, ein neuer Flughafen, zwei Brücken und eine Ringstraße sowie weitere Straßen. Von 1996- 2000 wurde der Ausbau der Infrastruktur beendet und des Weiteren auf den Bau von Wohngebieten, Einkaufszentren, Bildungs- und Gesundheitseinrichtungen Wert gelegt. Die dritte Phase umfasst die Beendigung aller Baumaßnahmen und soll 2030 abgeschlossen sein (vgl. Schubert 2001, S. 237-241).

Am 18. April 2000 wurde Pudong zum 16. Bezirk der Stadt Shanghai ernannt. Als Großprojekt hat die Sonderwirtschaftszone Pudong einen enormen Einfluss auf die Entwicklung der Stadt Shanghai. Die Infrastruktur wird modernisiert und weiter entwickelt, was sich positiv auf die anderen Stadtteile Shanghais auswirkt. Der Bauboom Shanghais ist in diesem Gebiet enorm, die Veränderung des Stadtbildes kann nahe zu wöchentlich beobachtet werden.

Jedoch muss diese Entwicklung auch kritisch gesehen werden. Es ist fraglich, ob Pudong diesen enormen Anteil an Büroflächen überhaupt benötigt. „Die Leerflächen in Luijiazui bezüglich der Büroflächen liegen bei 50%, in einzelnen Gebäuden bis zu 90%."(ebd. S. 1109).Dieses Phänomen ist auch in den Wohnbezirken zu beobachten. Da sich der Stadtteil noch im Aufbau befindet, wird sich an dieser Situation noch einiges ändern, jedoch ist es schwer voraus zu sagen, ob der Bedarf an Wohn- und Büroräumen so hoch sein wird.

5 Weitere städtebauliche Entwicklungen Probleme und Perspektiven

In den voran gegangenen Kapiteln wurde bereits auf einige, aufgrund der historischen Entwicklung entstandene, städtebauliche Probleme Shanghais eingegangen. Im Folgenden wird der Fokus auf die Bereiche Wohnungsbau, Infrastruktur und Umweltprobleme gerichtet, da gerade dort Missstände auftreten und sich Shanghai in diesen Bereichen entwickeln muss und auch entwickelt.

5.1 Wohnungsbau

Klassischer Weise ist die Stadt Shanghai durch eine hohe Dichte sowohl bezüglich der Zahl der Einwohner als auch der Bebauung geprägt. Wie bereits beschrieben entstanden aufgrund der hohen Anzahl der in Shanghai lebenden Menschen, die typischen *lilong*-Häuser, die allerdings nicht mehr dem heutigen Standard entsprechen. Oftmals teilen sich alle Bewohner, dies können bis zu 15-20 Personen

Gemischte Bebauung in Shanghai
Quelle: Kuan, S. 233

sein, eines Hauses die Küche und in manchen Fällen gibt es lediglich eine Toilette für mehrere Häuser. Seit den siebziger Jahren wurden vermehrt Häuser mit 5- 6 Stockwerken gebaut, in denen Küche und Toilette auch nicht mehr von mehreren Haushalten geteilt werden (vgl. Schubert 2001, S. 229). Zu späterer Zeit ging man dann zum Hochhausbau über. Viele alte Stadtviertel wurden abgerissen (vgl. ebd. S. 233), die Bewohner umgesiedelt, was zu sozialen Problemen führte, da die vorhandenen sozialen Netze aus einander gerissen wurden. Jedoch verbesserte sich die Wohnsituation eines Großteils der Bevölkerung zunehmend. Im modernen Wohnungsbau Shanghais versucht man eine Mischung aus Hochhäusern und Freiflächen zu schaffen (vgl. ebd. S. 233). „Zwischen 1980 und 1993 wurde die gesamte Wohnfläche in Shanghai mehr als verdoppelt (Taubmann, 1997, S. 14).

Um die Wohnsituation zu verbessern wurde außerdem das bereits 1958 beschlossene, im Zuge der Dezentralisierungspolitik erstellte, Satellitenstadtprogramm wieder auf genommen (vgl. Schubert 2001, S. 231).

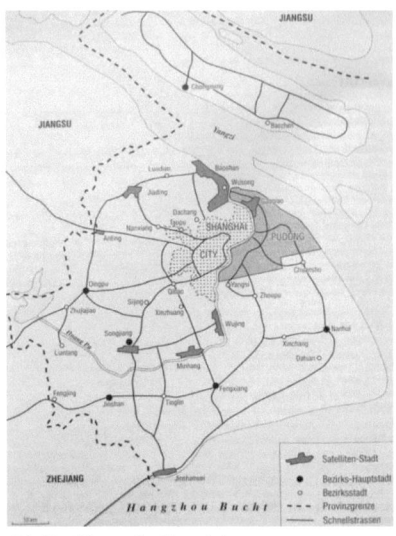

Die Satellitenstädte Shanghais
Quelle: Schubert, D., S. 238, 2001)

Eine Vielzahl an Satellitenstädte sollten an neuen, dezentralen Standorten errichtet werden. Somit sollte der Kernbereich Shanghais entlastet und die Randgebiete für die Bevölkerung attraktiv gestaltet werden. In diesen Städten sollten sich verschiedenste Grunddaseinsfunktionen, wie wohnen, arbeiten, sich versorgen etc. kombiniert werden. Jedoch ging dieses Konzept nur zum Teil auf. Die Satellitenstädte wurden zunehmend von zugezogener Bevölkerung genutzt, womit das Kerngebiet der Stadt nicht entlastet wurde (vgl. Taubmann 1997, S. 8). Weiterhin hinderte die unzureichend ausgestattete Infrastruktur und das durchschnittlich niedrigere Einkommen viele Menschen daran in die Satellitenstädte um zu siedeln (vgl. Schubert.

Ein weiteres Problem bezüglich der Wohnsituation in Shanghai stellen die vielen, auf den Baustellen der Stadt arbeitenden Wanderarbeiter da. Diese so genannte „floating population" stellt Shanghai vor ein großes Problem. Zum einen benötigt die Stadt diese Arbeiter um die neuen Hochhäuser und Bürokomplexe zu errichten und zum anderen müssen diese Menschen auch irgendwo wohnen. Viele dieser temporären Einwohner der Stadt wohnen in selbstgebauten Hütten in so genannten „Strohhüttenvierteln" am Rande der Stadt (vgl. Taubmann 1997, S. 5). Dass die Wohnsituation dieser Menschen besonders schlecht und schwer zu kontrollieren ist, muss hier nicht erwähnt werden.

5.2 Infrastruktur

Shanghai wuchs in der Nachkriegszeit zunächst einmal ohne Steuerung und Planung, worauf hin vielseitige Probleme entstanden (vgl. Kaltenbrunner 1994, S. 137). Durch die enormen Zuwanderungszahlen mussten neue Gebiete erschlossen werden, die Stadtgrenzen wurden ständig erweitert (vgl. Schubert 2001, S. 230). Es entstand ein wirres Netz aus Straßen, Wohnhäusern und Industriegebieten. Stark emittierende Industriebetriebe lagen und liegen auch heute noch teilweise in den innenstadtnahen, besonders dicht besiedelten Bereichen der Stadt.

Ein damit einher gehendes Problem ist die Zunahme des Individualverkehrs. Die Straßen Shanghais werden täglich von hunderten von Autos und Fahrrädern bevölkert. Diesem

Problem wurde durch eine Vielzahl von Bauprojekten entgegen getreten. „Hierzu tragen zahlreiche neue mehrspurige Autostraßen und Autobahnen, zwei neuerbaute Hochbrücken über den Huangpu, drei Tunnel unter dem Huangpu sowie nicht zuletzt der Bau von zwei U-Bahnlinien bei" (Staiger2002, S. 42). 2003 wurde zudem der Transrapid zur Entlastung der Straßen gebaut. Es wird versucht den entstanden Verkehrsproblemen entgegen zu wirken, jedoch sind dies Probleme, die nicht sofort aus der Welt geschafft werden können.

Doppelstöckige Ringautobahn in Shanghai
Quelle: www.leonardo.cs.berkeley.edu/nhz/
pics_gallery/shanghai/002_G.sized.jpg

Ein weiteres Problem ist, vor allem in den älteren Teilen Shanghais, die Dichte der Bebauung. Wie bereits erwähnt versuchte man die Stadtstruktur durch die Planung von Satellitenstädten aufzulockern. Industriebetriebe sollten so aus dem Stadtzentrum in die Peripherie ausgelagert werden (Taubmann 1997, S. 7). Zudem entstanden durch den Bau von Hochhäusern, kombiniert mit dem Abriss zahlreicher *lilong*- Häuser, Wohnraum sowie Freiflächen (vgl. Schubert 2001, S.233).

Als weitere Probleme gelten die mangelnde Müllentsorgung, Wasserver- und Entsorgung. Die Müllentsorgung ist in Shanghai nicht einheitlich geregelt, was zu Missständen führt. Zudem sind „etliche Wohngebiete noch nicht an die öffentliche Kanalisation angeschlossen. Die Verschmutzung der Gewässer, vor allem des Huangpu und des Suzhou Cree, ist ein gravierendes Problem, das sich nur durch eine Umkehr der Industriepolitik lösen lassen wird." (ebd. S. 237). Wie man sieht gibt es in Shanghai zahlreiche Infrastrukturelle Probleme, die sich auf das Verkehrsnetz sowie auf die Ver- und Entsorgung der Bevölkerung auswirken.

5.3 Umwelt

Ein gravierendes Problem Shanghais sind die veralteten Industriebetriebe, die, in Kombination mit dem Individualverkehr, in einem hohen Maße zur Luftverschmutzung beitragen. Viele Betriebe sind veraltet und entsprechen in Bezug auf Emissionen nicht dem neusten Standard. Aber auch die Haushalte der Stadt erhöhen die Luftverschmutzung, da dort größtenteils mit minderwertiger Kohle geheizt wird (vgl. Schubert 2001, S. 236). „China ist grösster Kohlekonsument der Welt, und in Shanghai wurde 1988 fast die gesamte Elektrizität über Kohlekraftwerke erzeugt" (ebd., S. 236). Wie bereits erwähnt würde eine Modernisierung der alten Industriebetriebe im hohen Maße dieser Luftverschmutzung entgegen wirken.

Die Verschmutzung der Gewässer, welche mit der Industriepolitik sowie der Abwasserregelung in Shanghai einhergeht, können nur in den Griff bekommen werden, wenn die Stadt ein einheitliches Entsorgungssystem schafft. Shanghai hat sich zum Ziel gesetzt bis zur Weltausstellung 2010 mindestens 80% der Abwässer zu reinigen. Wie die Stadt dieses Problem in den Griff bekommen möchte wurde allerdings nicht erläutert.

6 Nachhaltiger Städtebau – ein Beispiel

Das Prinzip des nachhaltigen Städtebaus ist für die Zukunft der Stadtentwicklung, nicht nur in Shanghai, von großer Bedeutung. Wenn das Prinzip der Nachhaltigkeit auch hier berücksichtigt wird, so können verschiedenste städtebauliche Probleme vermieden werden.

Ein zentrales Prinzip des nachhaltigen Städtebaus ist die Vernetzung der einzelnen Komponenten wie beispielsweise „Verkehrsfluss" und „Wohnungsbau". So müssen alle Aspekte der Stadtplanung gemeinsam bedacht und optimiert werden. Damit können Wechselwirkungen zwischen diesen Komponenten mit einbezogen werden.

Das Stadtentwicklungsmodell „Ecological model town" stammt vom AS&P-Büro Albert Speer & Partner (Informationen zur Raumentwicklung Heft 4 /5 2001) und wurde bis zum heutigen Tage bereits realisiert.

Das Modell wurde für den innerstädtischen Bezirk Yangpu/Dinghai entwickelt. Es sollte eine umfassende, übergreifende Strategie einer „nachhaltigen Stadtentwicklung in wachsenden Metropolen von Schwellenländern"(Speer, Kornmann 2001, S. 227) geschaffen werden.

Der Stadtbezirk Yangpu/Dinghai ist durch Industriebrachen und primitive Wohnhäuser gekennzeichnet. Die technische Infrastruktur ist unbrauchbar und durch die dichte Bebauung sind kaum Grünflächen vorhanden (vgl. ebd. S.229).

Das Entwicklungsmodell sah vor, dass arbeiten, wohnen und sich versorgen im Stadtbild vernetzt werden sollte. Zudem sollten prägende Teile der Stadtstruktur erhalten und weiter ausgebildet, sowie umwelttechnische Systeme integriert werden.

Als Basis für dieses Modell wurden 400m x 400m große Module gewählt, die nach dem Prinzip der kurzen Wege gestaltet werden sollten (vgl. ebd. S. 229). So gibt es in jedem Modul alle relevanten Versorgungseinrichtungen sowie Wohn- und Erholungsraum. Der Innenbereich ist Autofrei, hat begrünte Straßen und eine sechsgeschossige Wohnbebauung. Die Straßen dienen, kombiniert mit dem Park, als öffentlicher Raum und können so für soziale Kontakte genutzt werden. Es gibt großzügige Radwege und separate Spuren für den Busverkehr, Parkplätze für den Autoverkehr sind an den Modulrändern ausreichend vorhanden. In Hinsicht auf die Umweltverträglichkeit gibt es wärmeisolierende Fenster und Wände, Energiegewinnung aus Müllverwertung und Regenwassernutzung um den Wasserverbrauch zu senken. „Im Bereich der Infrastruktur werden moderne Ver- und Entsorgungssysteme eingesetzt und miteinander vernetzt. Regenwassernutzung verringert den Trinkwasserbedarf, und die aus der Müllverwertung gewonnene Energie wird mittels eines Kälte- und Wärmenetzes in die Wohnungen geführt, so dass die ineffizienten, energieverschwendenden Einzel- Klimaanlagen- die im Winter auch zum Heizen verwendet werden- entfallen können" (ebd. S. 233).

Zunächst schien es so, dass dieses Modell aufgrund organisatorischer und finanzieller Problem nicht verwirklicht werden könne, jedoch haben sich Sponsoren gefunden und so wurde dieses, nach den Grundprinzipien der nachhaltigen Stadtentwicklung konzipiertes Modell, nun doch realisiert.

7 Fazit

Shanghai ist noch heute durch seine historische Entwicklung geprägt. „Die jahrzehntelange Vernachlässigung von Investitionen in die städtische Infrastruktur macht deren Modernisierung zu einer vordringlichen Aufgabe" (Schubert 2002, S. 243).

Die Vernachlässigung des nachhaltigen Städtebaus und der Investitionen in die Infrastruktur zu kommunistischen Zeiten hat noch heute Auswirkungen. „Nach einer neueren Untersuchung sind 67% der Shanghaier Bevölkerung mit ihrer Wohnsitutation unzufrieden und würden sich mehr Wohnfläche wünschen" (ebd., S.245). Und dies ist nur ein Beispiel. Wie bereits dargestellt, hat die Stadt Shanghai viele Probleme, die sie bewältigen muss.

Jedoch nimmt die Modernisierung Shanghais seinen Lauf. Shanghai befindet sich im Entwicklungsrausch. Wolkenkratzer sprießen wie Pilze aus dem Boden. Dennoch ist zu Bedenken, dass zum einen irgendwann die Sättigungsgrenze erreicht ist, und zum anderen auch die Umweltprobleme nicht außer Acht gelassen werden dürfen. Nachhaltige Stadtentwicklung ist für die Zukunft von großer Bedeutung, aber auch die Tradition der Stadt sollte für kommende Generationen bewahrt werden. Es muss bedacht werden, ob es sinnvoll und nötig ist, die komplette historische Architektur gegen neue moderne Bauten auszutauschen. Kann es nicht ein Gleichgewicht zwischen „Alt und Neu" sowie zwischen „Umweltverträglichkeit und Effizienz" geben?

8 Literatur

Kaltenbrunner, R. (1994): Planung für ein neues Selbstbewusstsein. Der konzeptionelle Umbau Shanghais zur modernen Großstadtgemeinde, In: Archiv für Kommunalwissenschaften 33, S. 124-149

Kuan, Seng [Hrsg.] (2004): Shanghai, München

Schubert, D. (2001): Shanghai - ´Stadt über dem Meer´, In: Lafrenz, Jürgen (Hrsg.): Hamburg und seine Partnerstädte;, Hamburger Geographische Studien, Heft 49 S. 213-252, Hamburg

Schüller, M.; Diep, L. (2001): Shanghai – Modell für Chinas Wirtschaftsentwicklung? In: China Aktuell S. 1101-1116, Oktober 2001

Schüller, M.; Diep, L. (2002): Wirtschaftsmetropole Shanghai, In: Shanghai – Hamburgs Partnerstadt in China, Landeszentrale für politische Bildung, Institut für Asienkunde, Hamburg

Speer, A.; Kornmann, S. (2001): Nachhaltiger Städtebau im dynamischen Entwicklungsprozess der Metropole Shanghai, In: Informationen zur Raumentwicklung, Heft 4/5 2001

Staiger, B. (2002): Shanghais politische und kulturelle Entwicklung in historischer Perspektive; In: Shanghai – Hamburgs Partnerstadt in China, Landeszentrale für politische Bildung, Institut für Asienkunde, Hamburg

Staiger, B (2000): Umweltqualität, Umweltpolitik und Umweltbewusstsein, In: Länderbericht China, Darmstadt

Taubmann, W. (1997): Shanghai: Geburtsstätte des modernen Chinas, In: der Bürger im Staat, Heft 2/97 unter www.lpb.bwue.de/aktuell/bis/2_97/bis972k.htm, Zugriff 04.07.2006

Voss, F.: (2002): Shanghai – eine der größten Städte der Welt, In: Mitteilungen der Geographischen Gesellschaft zu Lübeck (Hrsg.), Band 60, S. 81-97, Lübeck